JUGEMENT

DE

L'ACADÉMIE ROYALE

DES SCIENCES,

Sur une nouvelle Méthode de tirer la Soie
& de l'apprêter en Organsin, présentée par
le P. Peronier, Minime à Lyon.

A PARIS,

DE L'IMPRIMERIE· ROYALE.

M. DCCLXIX.

(5.)

JUGEMENT

DE L'ACADÉMIE ROYALE DES SCIENCES,

Sur une nouvelle Méthode de tirer la Soie, & de l'apprêter en Organsin.

Du 29 Novembre 1768.

Extrait des Registres de l'Académie.

L'ACADÉMIE des Sciences ayant été engagée à donner fon avis fur un Mémoire du père Peronier, Minime à Lyon, concernant une nouvelle méthode de tirer la Soie des cocons & de l'apprêter, foit en trame, foit en organfin ; Mrs Mignot de Montigny & Vaucanfon ont été nommés Commiffaires pour examiner ce Mémoire avec les plans qui y font joints, & en faire leur rapport à la Compagnie. Comme cette méthode a depuis été annoncée dans les Papiers publics avec les plus grands éloges accompagnés de l'approbation de l'Académie de Lyon, ces deux Commiffaires ont cru devoir entrer dans les plus grands détails, & difcuter fcrupuleufement tous les

A ij

moyens propofés par le père Peronier, foit pour
répondre aux vues du Miniftère, foit pour inftruire
le public, & principalement les Fabricateurs de Soie,
des avantages ou des inconvéniens qu'ils doivent
attendre de cette méthode.

RAPPORT.

CETTE méthode prétendue nouvelle, n'eft que la
réunion de deux idées anciennes, l'une propofée il
y a douze à quinze ans, par le fieur Villard de Salon,
en Provence; & l'autre plus anciennement, par le
fieur Martin, du Dauphiné : celle du fieur Villard
confiftoit à tirer la Soie des cocons fur des bobines,
au lieu de la tirer en écheveaux fur des guindres, afin
d'éviter par-là le devidage de ces mêmes écheveaux :
celle du fieur Martin étoit la conftruction d'un double
fufeau femblable à celui du père Peronier, avec lequel
on donnoit fur le même moulin, les deux tors à la
fois, qu'on nomme *premier & fecond apprêt*. Chacune
de ces nouveautés fut annoncée dans fon temps, avec
les mêmes avantages & les mêmes applaudiffemens
que l'eft aujourd'hui celle du père Peronier. La ré-
flexion détruifit promptement celle du fieur Villard,
parce qu'elle parut impraticable : celle du fieur Martin
qui étoit plus féduifante, parce qu'elle étoit plus in-
génieufe, ne fut abandonnée que par les inconvéniens

que les premiers effais qu'on voulut en faire, firent apercevoir.

Ce font ces deux mêmes nouveautés qui conftituent la découverte entière du père Peronier, fous l'annonce d'une nouvelle méthode de tirer la Soie & de l'apprêter, foit en organfin, foit en trame : rien de plus merveilleux, fuivant l'auteur, que cette nouvelle méthode, puifqu'elle abrège les deux tiers de l'opération, les deux tiers de la main-d'œuvre, les deux tiers des déchets & rend la Soie infiniment plus belle & plus parfaite ; voilà des avantages certainement bien grands : nous allons faire voir comment l'auteur s'y prend pour les procurer.

La fabrication de l'organfin demande fix opérations ; la première de tirer la foie des cocons en écheveaux fur des guindres ; la feconde, de devider la foie des écheveaux fur des bobines ; la troifième, de donner à cette foie devidée un premier tors, ou le premier apprêt, fur un moulin ; la quatrième, de fixer ce premier apprêt, en expofant la foie à la vapeur d'une leffive, ce qu'on nomme *donner la Brève ;* la cinquième, de doubler cette foie à deux, à trois ou à quatre bouts ; la fixième & la dernière, de donner à cette foie doublée le dernier tors ou le fecond apprêt fur un autre moulin : le père Peronier réduit ces fix opérations à deux, favoir, au tirage & à un feul moulinage.

Au lieu de tirer la foie des cocons fur des guindres qui ont vingt-quatre pouces de diamètre, il propofe

de la tirer, comme le fieur Villard, immédiatement
fur des bobines; mais comme les bobines que le père
Peronier emploie dans fon moulin, ne peuvent avoir
qu'un pouce de diamètre, & qu'elles ne fauroient tourner vingt-quatre fois plus vîte que le guindre, pour
devider autant de foie dans le même temps, il faudroit
néceffairement prolonger de beaucoup cette première
opération : l'auteur prétend qu'elle ne fera que double,
c'eft-à-dire, une fois plus longue; nous allons faire
voir en quoi confifte l'erreur de fon calcul.

Dans les tours à foie, le guindre fait ordinairement
cent quarante-quatre révolutions par minute; la bobine
du père Peronier qui eft vingt-quatre fois plus petite,
feroit obligée d'en faire trois mille quatre cents cin-
quante-fix dans le même temps, pour devider autant
de foie; & dix-fept cents vingt-huit pour la moitié
qu'il promet, ce qui donneroit à la bobine vingt-huit
révolutions deux tiers par feconde, vîteffe prodigieufe
qui brûleroit ou mettroit le feu aux pivots de la
bobine; quoique nous penfions que la moitié de cette
vîteffe feroit encore fort grande, nous fuppoferons
cependant, pour donner tout l'avantage à la prétention
du père Peronier, que cette vîteffe pourra être le tiers
de celle du guindre, c'eft-à-dire, que la bobine pourra
faire dix-fept à dix-huit révolutions par feconde, il
s'enfuivroit toujours que l'opération du tirage fait fur
ces petites bobines, dureroit au moins deux fois plus
long-temps que fur les guindres.

Le père Peronier qui a très-bien prévu quelle seroit la longueur de cette opération, propose avec la plus grande confiance, de faire tirer la soie pendant toute l'année, ce à quoi lui & ses approbateurs ne trouvent nul inconvénient ; mais cette proposition paroîtra bien différente à tous les Fabricateurs de soie, qui savent que le tirage doit être fait le plus promptement qu'il est possible, que plus les cocons vieillissent & plus ils perdent ; que les frais en étant les plus considérables par la dépense du feu, par celle de deux ouvrières à chaque tour, il doit être expédié avec la plus grande célérité.

La soie coûte à tirer 30, 35 & 40 sous par livre, parce que dans certains lieux, la journée d'une Tireuse est de 12 sous, de 15 dans d'autres, & dans plusieurs de 20 sous ; la paye de la Tourneuse est ordinairement moitié de celle de la Tireuse ; il en coûte aussi, suivant les lieux, 10, 12 & 15 sous par jour, de bois ou de charbon ; une bonne ouvrière fait dans sa journée douze à treize onces de soie de cinq à six cocons avec le guindre ordinaire : or, si comme nous venons de le faire voir, on n'en peut faire que le tiers de cette quantité, en la tirant sur des bobines, il est bien évident que la livre de soie coûtera à tirer, par la méthode du père Peronier, deux fois davantage, c'est-à-dire, de 4 livres 10 sous à 6 francs, au lieu de 30 à 40 sous, puisque les frais journaliers seront absolument les mêmes : la façon de cette soie augmentera encore,

parce que dans les jours d'hiver, le travail ne pourra
être que moitié de celui des jours d'été pendant
lesquels l'on a coutume de faire cette opération ; si
l'on joint à cela, la perte sur la garde des cocons dont
plusieurs se gâtent par la fonte des vers mal étouffés &
dont plusieurs sont mangés ou rongés par les rats ; si
l'on considère encore la perte de l'intérêt de l'argent,
on reconnoîtra sans beaucoup de peine, que bien loin
de diminuer considérablement les frais sur la fabrication de la soie, le père Peronier n'auroit trouvé que
le secret de les augmenter des trois quarts ; indépen-
damment de cette augmentation de frais, la soie en
recevroit un dommage notable, parce que les cocons
obligés de rester deux ou trois fois plus de temps
dans la bassine, la gomme tomberoit presque toute en
dissolution, & les fils de soie resteroient sans nerfs &
sans force : le père Peronier a cru donner un moyen
merveilleux de suppléer à la lenteur de sa méthode,
en proposant de faire tirer par la même ouvrière, sur
quatre bobines à la fois, c'est-à-dire, de filer quatre
fils au lieu de deux ; mais cet expédient est tout-à-fait
illusoire : la meilleure Tireuse a toutes les peines du
monde d'entretenir l'égalité des brins de cocons, sur
deux fils, comment l'entretiendroit-elle sur quatre ! il
n'en résulteroit qu'un vice de plus ; la soie seroit encore inégale : c'est ainsi que pour épargner 6 sous qu'il
en coûte à devider une livre de soie sur le moulin à
eau, on propose d'en dépenser 80 de plus à la faire
                                                    tirer ;

tirer : voilà à quoi fe réduifent les prétendus-avantages de cette découverte nouvelle.

Combien d'autres inconvéniens ne réfulteroient-ils pas de cette nouveauté : les fabriques d'organfin qui ont leur tirage éloigné à dix & quelquefois vingt lieues , feroient obligées de faire venir à grands frais leur foie toute filée, fur des milliers de bobines : les particuliers qui tirent pour organfin ou pour trame, feroient pareillement obligés de tranfporter leur foie filée fur des bobines, pour la vendre dans les marchés ou dans les foires ; & comme chaque bobine ne fauroit contenir que quelques gros de foie, il faudroit tranfporter & vendre cent livres pefant de bois, pour vendre huit à dix livres de foie: comment ceux qui achetteroient cette foie pourroient-ils l'examiner? On déploie ordinairement un écheveau, on l'ouvre pour voir fi la foie eft bien nette, bien égale & bien filée; ici toute infpeétion, tout examen, feroient impoffibles ; on ne verroit la foie que fur la fuperficie des bobines, il faudroit l'acheter fur la parole ou fur la bonne foi du Vendeur, & payer encore un excédant confidérable pour le prix des bobines : comment s'y prendroit-on d'ailleurs pour la pefer? Il eft étonnant que perfonne ne fe foit aperçu de ces inconvéniens.

Il y a plus, la foie tirée des cocons immédiatement fur des bobines, acquerroit cette dureté que l'on voit dans la partie de l'écheveau qui repofe fur la lame du guindre, c'eft-à-dire, qu'elle fe colleroit l'une avec

B

l'autre fur toute la circonférence de la bobine: dans
les premiers effais que le fieur Villard voulut faire de
cette invention qui lui appartient, il imagina de mettre
fur fon moulin une éponge mouillée à chaque bobine,
pour que la foie pût s'en détacher plus facilement;
mais cet expédient ne lui ayant pas réuffi, il fut obligé
de faire devider fa foie au fortir du tirage, fur d'autres
bobines, avant qu'elle eût le temps de fécher fur les
premières; opération qu'il nomma *Trancanage*, afin de
donner le change à beaucoup de gens qui ignorent,
qu'en termes de l'Art, le trancanage & le devidage font
une même chofe.

Nous ne finirions pas, fi nous voulions parcourir
tous les autres inconvéniens de cette fingulière méthode; ceux que nous venons de remarquer, fuffifent
pour faire apercevoir combien elle feroit défavanta-
geufe aux Fabricateurs de foie & impraticable à tous
ceux qui en font commerce: voyons fi le fufeau que
préfente le père Peronier pour donner les deux apprêts
à la fois, mérite les mêmes éloges qu'on a prodigués
à fa manière de tirer la foie.

Lorfque la foie, fuivant la méthode ordinaire, a été
devidée des écheveaux fur des bobines, on place ces
bobines chargées de foie fur le moulin du premier
apprêt, pour y recevoir le premier tors & y monter
fur d'autres bobines qu'on nomme *Roquelles :* après
avoir mis la foie des roquelles à la brève, on la double
à deux, à trois ou à quatre bouts, fuivant l'ufage auquel

elle eft deftinée, c'eft-à-dire, qu'on prend la foie de
deux, de trois ou de quatre roquelles, qu'on devide
enfemble fur une nouvelle bobine qui eft enfuite
portée fur le moulin du fecond apprêt pour y recevoir
le dernier tors & y monter fur des petits guindres en
écheveaux.

Le père Peronier réduit ces dernières opérations à
une feule; mais cette opération unique abrège-t-elle le
travail des deux tiers! diminue-t-elle les déchets!
épargne-t-elle les deux tiers des ouvriers! la foie en
eft-elle plus belle & plus parfaite, ainfi qu'il le prétend!
c'eft ce que nous allons expliquer le plus clairement
& le plus brièvement qu'il nous fera poffible.

Au lieu d'un fimple fufeau pour chaque bobine, le
père Peronier place plufieurs bobines fur le même fufeau, ou, pour mieux dire, fon fufeau eft compofé de
plufieurs fufeaux contenus dans une cage faite de deux
platines en bois comme celle d'une pendule; il a donc
autant de cages que de différentes qualités d'organfin,
c'eft-à-dire, qu'il y a des cages pour les deux bouts, qui
contiennent chacune deux fufeaux; des cages pour les
trois bouts qui contiennent trois fufeaux; & des cages
pour les quatre bouts qui ont quatre fufeaux : chacune
de ces cages porte une lanterne deffous la platine inférieure, & la platine fupérieure porte une tige de fix
pouces de hauteur, à l'extrémité de laquelle font plufieurs barbins ou crochets de fer à œil, dans lefquels
paffent les fils de foie qui viennent des bobines : on

met chaque cage fur une tige de fer fixée verticalement fur un foc de bois qui entre à queue d'aronde & à couliffe dans la traverfe du moulin; fous la platine fupérieure de la cage, eft une crapaudine de cuivre renverfée qui reçoit la pointe de la tige de fer fur laquelle la cage peut facilement tourner; fur le haut de cette tige, eft une roue dentée qui répond au milieu de la cage; les dents de cette roue engrènent avec celles de deux autres roues placées dans la cage, lefquelles engrènent d'un autre côté, avec les roues fixées fur la tige des fufeaux qui portent les bobines.

La lanterne attachée deffous la platine inférieure, étant mife en mouvement par une courroie de cuir fur laquelle font coufues des dents de cuivre, fait tourner la cage autour de la tige immobile & de la roue dentée qui y eft fixée: les deux roues intermédiaires recevant leur mouvement par leur engrénage avec cette roue du milieu, font tourner les roues des fufeaux en fens contraire de la cage, & comme cette cage porte une tige verticale, à l'extrémité de laquelle fe réuniffent les fils de foie qui viennent des bobines, il s'enfuit que chaque fil de foie, au fortir de la bobine, fe tort fur lui-même, & qu'après leur réunion, ils font retordus enfemble dans un fens oppofé, par le mouvement de la cage, ce qui forme le premier & le fecond apprêt: chaque fil retordu vient enfuite fe plier fur le petit guindre comme à l'ordinaire.

Que de pièces, que de roues, que de pivots, que

d'engrénages , que de frottemens pour faire tourner
deux bobines ! voilà une cage, cinq roues dentées,
une lanterne, deux tiges , deux fufeaux, tous en mou-
vemens ; que de précifion , que de juftesse à obferver
dans l'exécution d'une telle machine ! que de force
pour la faire tourner avec la vîtesse requife ! que d'ha-
bileté ne faudroit-il pas dans les ouvriers qui la con--
duiroient pour l'entretenir toujours en bon état & pour
en réparer les dommages ! Ce furent toutes ces diffi-
cultés qui rendirent infructueufe la tentative du fieur
Martin, premier inventeur de ce fufeau : le fieur Gouat
de Grandpré, du péage de Rouffillon en Dauphiné, le
fieur Laudy, de Montelimart, ont depuis imaginé &
préfenté au Confeil, des moyens à peu-près femblables,
pour le même objet ; mais comme ils étoient tous
deux gens du métier & intelligens, ils fe jugèrent eux-
mêmes & reconnurent toute l'infuffifance de leurs
moyens.

Le père Peronier a éprouvé l'inconvénient de ce
grand nombre de roues ; il a trouvé qu'elles produi-
foient des facades & des réfiftances qui nuifoient à la
facilité du mouvement ; il avoue lui - même avoir été
obligé de les abandonner ; il leur a fubftitué des cônes
tronqués qui agissent les uns fur les autres, par le frottement de leurs furfaces, il en trouve le mouvement
plus doux & plus aifé, ce qui eft facile à concevoir ;
mais où fera, pour-lors, cette régularité dans les révolutions des fufeaux, qui doit être regardée, fuivant ce

qu'il nous dit lui-même, comme le principal mérite
de son invention! les reſſorts à boudin placés ſur les
cônes intermédiaires, n'empêcheront pas que la plus
petite différence qui ſe trouvera dans la hauteur des
deux fuſeaux entr'eux, ou avec la tige qui porte la
cage, n'altère ou n'interrompe tout-à-fait le mouvement particulier de l'un ou de l'autre fuſeau : les bouts
de ſoie qui volent perpétuellement dans ces ſortes
de fabriques & qui viennent s'attacher à toutes les
parties du moulin, n'ont qu'à s'interpoſer entre quel-
ques-uns de ces cônes, la communication de leur
mouvement ſe trouvera dans le moment interrompue,
& la ſoie d'une bobine pourra monter ſur le guindre,
ſans aucun premier apprêt, pendant pluſieurs heures
& même pendant une journée entière, ſans qu'on
s'en apercoive, parce que la vîteſſe du mouvement
que la cage imprimera au fuſeau en l'emportant avec
elle, ne permettra jamais de bien apercevoir le
mouvement particulier que le fuſeau aura ſur lui-
même.

Comment eſpérer que des cônes en bois conſerve-
ront long-temps une parfaite rondeur! Si on les fait
avec du bois tendre, ils ſeront bientôt uſés, ſi c'eſt
avec du bois dur, on ſait que plus le bois eſt dur, plus
il eſt ſujet à ſe gercer & à ſe tourmenter ; or, comme
les frottemens, dans ce cas-ci, doivent être fort légers,
la moindre variation dans la rondeur d'un des rouleaux
altèreroit ſur le champ l'uniformité des révolutions

entre les deux fufeaux; & plus il y aura de cylindres
frottans dans les cages, plus il y aura d'occafions de
rendre les apprêts irréguliers.

La courroie dentée qu'emploie le père Peronier',
pour faire mouvoir les lanternes des cages, rendra, il
eft vrai, les révolutions des cages régulières; mais
celles des fufeaux qui portent les bobines, ne pourront
jamais l'être, par le fimple frottement des rouleaux,
ainfi nul rapport conftant à efpérer entre les points de
tors du premier & du fecond apprêt.

Nous difons que la courroie dentée qui engrène
avec les lanternes des cages, leur donnera un mouvement régulier; mais c'eft en fuppofant que les dents
de cette courroie conferveront toujours une égale dif-
tance entr'elles, ce que nous fommes bien éloignés
de croire : cette courroie qui doit avoir quarante pieds
environ de longueur, fur quatorze à quinze lignes de
largeur, ne peut être compofée que de plufieurs
bandes prifes dans la longueur d'une peau de veau ou
de vache; les bandes vers le dos, font toujours plus
épaiffes & plus roides que les voifines qui vont du
côté du ventre, ce qui rend la totalité de la courroie
très-inégale : l'expérience apprend qu'une telle courroie s'alonge, en travaillant quelque temps fur le
moulin, de plufieurs pieds dans fa totalité, & plus dans
les parties foibles que dans les parties fortes : les dents
de cuivre, efpacées régulièrement fur toute la longueur
de cette courroie, conferveront-elles long-temps un

intervalle égal entr'elles! elles s'écarteront en proportion
de son alongement & avec autant d'inégalité qu'il y
aura de différence entre la force des bandes qui la
compoferont : si une simple courroie s'alonge de
deux à trois pieds, à combien plus forte raifon s'a-
longera celle du père Peronier, dans laquelle il faudra
faire des millions de trous pour y attacher onze à
douze cents dents de cuivre qu'il propofe de coudre
avec du fil de cordonnier : nous n'avons pas befoin
de faire remarquer le peu de folidité de tous ces
moyens, nous nous contentons d'obferver que les
organfins faits fur les anciens moulins à la courroie &
à l'eftrafin, dans lefquels le père Peronier trouve lui-
même & avec raifon, tant d'imperfeétions, y rece-
vroient cependant un apprêt bien moins irrégulier que
fur le moulin qu'il préfente, parce que le frottement
de la courroie & du ftrafin, agiffant immédiatement
& avec force fur chaque fufeau, les fait tourner avec
encore plus de régularité que ne tourneroient ceux
du père Peronier, par cette quantité de frottemens
légers & intermédiaires. On fe tromperoit grandement
fi on jugeoit d'après de petits effais, toujours faits
avec beaucoup de foin & beaucoup de temps, de
ce qu'il eft poffible de faire en grand dans un travail
réglé & fuivi : les modèles en petit paroiffent prefque
toujours avantageux, parce que tout y eft léger & facile à mouvoir ; celui du père Peronier n'étant que
la quatrième partie d'un moulin ordinaire, n'a dû
montrer

montrer que de petites réfiftances qui auront induit
en erreur ceux qui en ont eftimé les effets.

Une des principales perfections de l'organfin, eft
que les différens brins de foie qui le compofent,
foient tous également tendus, & que les hélices que
chacun forme en recevant le fecond apprêt, foient
parfaitement égaux entr'eux ; c'eft ce qu'on ne doit
point attendre avec le fufeau du père Peronier. Tous
ceux qui fabriquent de l'organfin, favent que les fils
de foie qui montent au moulin du premier apprêt, ne
font pas tous également tirans, foit par la différence
de pefanteur des coronelles, foit par la différence de
leur mobilité, ce qui paroît bien fenfiblement par la
différente dureté du pliage de la foie fur les roquelles ;
les unes font toujours plus ou moins molles, les autres
plus ou moins fermes : il y aura néceffairement même
différence de tenfion dans les fils, fur le moulin du
père Peronier, parce qu'il y aura même inégalité de
pefanteur dans les coronelles ; mêmes inégalités fur
les furfaces frottantes des bobines avec les coronelles ;
même impoffibilité d'empêcher là, plutôt qu'ailleurs,
que le plus petit brin de foie flottant, ne vienne mettre
obftacle à la liberté de leur mouvement : les organfins
n'y acquerront donc jamais cette qualité effentielle
d'où dépend toute leur élafticité & une bonne partie
de leur force ; il eft aifé de concevoir que les deux
fils dont une corde eft compofée, doivent recevoir en

C

même temps l'effort du poids qu'on veut leur faire porter ; que s'il y a entr'eux inégalité de tenfion, le plus lâche ne fupportant aucune partie du fardeau, tout le poids agira fur le plus tendu & le fera caffer ; c'eft ce qui arrive à tout organfin dont les fils n'ont pas été également tendus, lorfqu'on les a joints en-femble avant de leur donner le dernier apprêt ; voilà ce qui produit ce grand nombre de fils écorchés, que l'ouvrier trouve fouvent dans la chaîne de fon étoffe, à la première extenfion qu'il veut lui donner.

On ne peut parer à cet inconvénient que par l'opé-ration du doublage que le père Peronier trouve fi inutile & fi défavantageux ; c'eft-là qu'on réunit les différens fils qui doivent former l'organfin & qu'on les contient tous également tendus, en les faifant paffer entre le doigt index & le pouce, avant qu'ils arrivent fur la bobine : c'eft auffi dans cette opération, que la foie eft une feconde fois purgée des petites côtes & bouchons qui ont échappé au devidage où l'on ne peut guère la nettoyer que des gros flocons & des groffes côtes : nous penfons bien différemment fur cet article, que les Apologiftes de la méthode du père Peronier, lorfqu'ils difent, que plus on fait paffer la foie par les mains des ouvrières, plus elle perd de fa beauté & de fa bonté ; nous croyons au contraire, avec ceux qui connoiffent l'Art de fabriquer l'organfin, que ce n'eft qu'en la faifant paffer des mains des Devideufes dans celles des Doubleufes, qu'il eft poffible de la bien purger de fes parties groffières & bouchonneufes, qui échappent toujours à l'attention & à l'œil des Tireufes les plus adroites.

Le père Peronier n'a point vu dans la nouvelle manufacture d'Aubenas, qu'il nous dit avoir examinée, qu'on y écorchât la foie, en froiffant avec les mains les parties de l'écheveau qui ont touché aux lames du guindre: on y met ces écheveaux fur les taveles fans aucun froiffement, la foie s'en détache facilement, parce qu'au tirage elle eft parvenue fur le guindre, fans humidité & qu'elle y a été pliée de manière à ne pouvoir jamais fe coller l'une fur l'autre; il n'a pas vu non plus, qu'on y employât ni huile ni graiffe pour faciliter l'opération du devidage; il n'y a que les Devideufes à la main ou qui devident des foies teintes, qui puiffent fe fervir de ces drogues, elles feroient inutiles au devidage fur les taveles, fait à la machine.

Enfin les Piémontois, qui ont quelque expérience dans la fabrication des organfins, ont fi bien reconnu la néceffité de purger une feconde fois la foie dans l'opération du doublage, que leurs règlemens défendent tout doublage à la machine ; ils ordonnent que les foies, après avoir reçu le premier apprêt, feront doublées à la main, afin que les petits bourillons & les petites inégalités étant mieux fentis fous les doigts de la

Doubleufe, la foie puiffe être entièrement purgée, avant de fubir la dernière opération.

Qu'on juge maintenant de la netteté qu'aura l'organfin du père Peronier, fi la foie, au fortir du tirage, eft mife tout de fuite fur le moulin, pour y recevoir la dernière opération ; les flocons, les côtes, les bourillons gros & petits, arriveront fans nul obftacle fur ces petits écheveaux qui doivent aller dans les mains des Fabricans d'étoffe ; on ne doit pas efpérer de pouvoir mieux purger la foie en la tirant fur des bobines que fur des guindres ; elle fera au contraire bien plus bouchonneufe, parce que les cocons refteront plus long-temps dans l'eau, & que l'expérience a prouvé que rien n'étoit plus capable de les faire monter en boune.

Le père Peronier a eu raifon de promettre aux Mouliniers qu'il leur épargneroit beaucoup de déchets par fa méthode, puifqu'elle leur ôte tout moyen de purger la foie ; mais tous ces déchets retomberoient en entier à la charge du Fabricant qui l'emploieroit : ces déchets lui feroient d'autant plus préjudiciables, que cette foie ne pouvant plus être nettoyée que lorfqu'elle feroit montée en chaîne fur le métier d'étoffe, elle auroit pour lors acquis plus de valeur par le prix de la teinture qui eft fouvent confidérable, & par le temps de l'ouvrier qui eft payé fix fois plus cher par le Fabricant, que celui d'une Taveleufe ou d'une Doubleufe par le Moulinier : il eſt à préſumer que les Fabricans de Lyon, auroient été plus réſervés dans leurs louanges, s'ils euſſent fait attention que les frais qu'on éviteroit aux Mouliniers, par cette nouveauté, ne pouvoient que retomber ſur eux ou ſur leurs ouvriers.

Le père Peronier reconnoît cependant la néceſſité de purger la ſoie, après qu'elle a été tirée du cocon , puiſqu'en attendant que l'uſage de tirer la ſoie ſur des bobines ſoit introduit par-tout; il propoſe un devidoir de ſon invention avec lequel on purgera la ſoie de toutes ſes côtes & bourillons, & qui fera ſix fois plus d'ouvrage, dans le même temps, que les devidoirs ordinaires : ce devidage qu'il préſente comme nouveau, eſt préciſement le même que ceux qu'il a vus dans la manufacture d'Aubenas : les bobines qui tirent la ſoie de deſſus les taveles, y reçoivent de même leur mouvement par un frottement ſur des rouleaux, chaque bobine peut y être auſſi arrêtée dans ſon mouvement par la réſiſtance du brin de ſoie, ſans que ce brin ſe caſſe; chaque brin de ſoie y paſſe par une pince garnie de drap, pour arrêter les bourillons & pour faire plier la ſoie convenablement ferme ſur la bobine. Il ne les a pas vus tourner, il eſt vrai, avec autant de vîteſſe qu'il prétend faire tourner le ſien ; mais avec un peu plus d'attention, il auroit reconnu que la vîteſſe qu'on donne à ces bobines, doit toujours être proportionnée à la fineſſe de la ſoie qu'on y devide, afin de la ménager & d'empêcher qu'elle ne caffe trop fouvent; il a pu voir qu'on y eft le maître d'augmenter ou de diminuer à volonté cette vîteffe, avec une feule roue de rechange, à la tête du moulin.

Le père Peronier auroit encore pu confidérer dans cette même manufacture, que les bobines du doublage, qui fe meuvent par une mécanique à peu-près femblable, y ont une vîteffe cinq ou fix fois plus grande, parce que le fil de foie y étant toujours double ou triple, eft plus capable de réfifter à cette augmentation de vîteffe; il auroit pu remarquer que chaque fil de foie y paffe par deux pinces, avant d'arriver fur la bobine ; que chaque pince y eft plus forte & plus ferrée qu'au devidage, afin que les différens brins de foie doublés y foient également tendus entr'eux, & que les petits bourillons, qui ont pu paffer fous la pince du devidage, foient arrêtés par celle-ci: c'eft en employant de tels moyens qu'on a cru, en établiffant cette nouvelle manufacture, pouvoir déroger au règlement de Piémont, qui défend les doublages à la machine; ceux d'Aubenas doublent & purgent la foie, pour le moins auffi exactement & auffi fûrement, qu'on pourroit le faire à la main, & on y épargne la moitié des ouvrières.

Il réfulte de tout ce que nous venons de dire, que malgré toutes les précautions que l'on prend pour bien tirer la foie, malgré la recommandation faite aux Tireufes, de bien purger les cocons, d'en bien croifer les fils, il reſte toujours dans la ſoie filée plus ou moins de bourillons dont il faut la nettoyer ; que quelque habiles que ſoient les Tireuſes, ces côtes & ces bou- rillons feront en plus grand nombre dans la méthode propoſée, à cauſe du long ſéjour que feront les cocons dans la baſſine ; que ce n'eſt qu'au devidage & au dou- blage que la foie peut être bien nettoyée ; & que ſi on ſupprime ces deux opérations, jamais on ne parviendra à donner à l'organſin, une des principales qualités qu'il doit avoir, la netteté.

La multiplicité des nœuds dans la foie, n'eſt pas un défaut moins eſſentiel ; nous voyons évidemment que dans l'organſin du père Peronier, il y en aura une quantité trois fois plus grande que dans celui des autres fabriques, ce qui eſt bien facile à concevoir : les bo- bines qu'il y emploie ne peuvent avoir que la quatrième partie du volume des bobines ordinaires, elles ne con- tiendront par conſéquent que le quart de la foie des autres ; il faudra donc changer trois fois plus ſouvent de bobines ſur le moulin ; à chaque changement de bobine, c'eſt un nœud qu'il faudra faire avec le bout de foie de la bobine précédente : voilà donc bien évi- demment & bien néceſſairement trois fois plus de nœuds; mais ces nœuds feront toujours de gros nœuds faits avec deux, trois ou quatre bouts de foie, ainſi que tous les autres nœuds occaſionnés par les ruptures accidentelles; ce que nous allons faire voir avec la même évidence.

Il faut ici que lorfqu'un des deux fils fimples, qui monte du fufeau fur le guindre, vient à caffer, l'autre fil foit néceffairement rompu dans le même inftant, fans quoi le fil fimple montant feul, feroit un organfin à un bout, que l'on nomme *organfin boiteux*, qu'il faudroit enlever de deffus le guindre & qui tomberoit en déchet : le père Peronier, pour faire caffer les deux fils à la fois, a placé au haut de la tige que porte la cage, deux crochets de fil de fer, que chaque fil fimple foutient en l'air; lorfqu'un de ces deux fils eft caffé, le crochet qui le foutenoit élevé, tombe par fa pefanteur, & la queue du crochet venant s'embarraffer dans la coronelle de l'autre bobine, en fait caffer le fil dans le moment; il y aura donc toujours deux fils de caffés, pour un, dans l'apprêt des organfins à deux bouts. Comme il y a trois crochets dans les cages deftinées à faire les trois bouts, il y aura toujours trois fils de caffés pour un ; chaque rupture de fil fimple occafionnera donc toujours un nœud plus ou moins gros, fuivant que l'organfin fera compofé de plus ou de moins de fils, parce que le nœud fera toujours fait avec la totalité de ces fils; c'eft ce qui n'arrive point dans les autres moulins où les nœuds font prefque tous faits fur la foie à un bout : les Mouliniers favent qu'il y a toujours dix & vingt fils de caffés fur un moulin de premier apprêt, contre un fur le moulin de fecond apprêt; que lorfque ce dernier moulin eft

chargé

chargé de foie à trois bouts, les ruptures y font encore moindres, & qu'il ne s'en caffe prefque point lorfque la foie y eft à quatre bouts : qu'on réfléchiffe main-tenant fur la belle qualité qu'auroit un organfin dont tous les nœuds feroient de la plus forte groffeur & trois fois plus nombreux, & fur l'effet que produiroit cette prodigieufe quantité de gros nœuds dans les étoffes unies, & principalement dans les fatins.

Nous n'avons pas befoin de faire remarquer que les déchets augmenteront ici en raifon du nombre des ruptures ; les ouvriers favent qu'à chaque bout de foie qu'il faut renouer, on en perd une longueur plus ou moins confidérable.

Après avoir démontré tous les vices qui réfulteroient de la méthode & de la mécanique du père Peronier, relativement à la bonté & à la beauté des organfins, il ne nous refte plus qu'à faire voir de combien il fe trompe encore dans la promeffe qu'il fait d'épargner plus de la moitié des frais & de la main-d'œuvre.

Nous avons déjà dit à quel prix il fupprimoit la feconde opération de l'organfinage qui eft le devidage des écheveaux ; nous avons démontré que c'étoit en rendant la première opération trois fois plus longue & trois fois plus difpendieufe ; nous avons fait voir que les déchets qu'on évitoit aux Mouliniers, en fupprimant le devidage & le doublage, retomberoient en entier aux frais du Fabricant, à qui ces déchets

D

deviendroient d'autant plus coûteux, que la foie auroit
alors acquis plus de valeur par la teinture & par la
diminution de fon poids dans la cuiffon, & parce que
la journée de l'ouvrier fabricant eft payée fix & huit
fois plus cher que celle d'une Devideufe : voyons en
quoi confifte la diminution de la main-d'œuvre fur le
moulin.

Le travail du Moulinier fe mefure par le nombre des
fufeaux qu'il y a fur les moulins & par la quantité des
fils qu'il y a à renouer ; quoique le père Peronier réu-
niffe deux moulins en un feul, le nombre des fufeaux
fubfifte toujours le même, mais le fervice en fera bien
différent ; toutes ces bobines qui font trois fois plus
petites, contiendront trois fois moins de foie, il faudra par conféquent dégarnir & regarnir les fufeaux trois
fois plus fouvent & renouer la foie autant de fois :
voilà d'abord la main-d'œuvre triplée en ce feul point ;
fi dans les ruptures accidentelles, il y a toujours deux,
trois & quatre fils de caffés pour un, fuivant qu'on
fera des organfins à deux, à trois ou à quatre bouts ;
cette main-d'œuvre fera encore augmentée en proportion des ruptures ou des fils qu'il faudra renouer ;
ainfi bien loin de diminuer la main-d'œuvre du Moulinier, elle fera au contraire augmentée de quatre à
cinq fois davantage ; & pour un ouvrier employé fur
les moulins ordinaires, il en faudra au moins quatre,
fur les moulins du père Peronier : cet auteur ne doit

pas faire valoir dans fon moulin, l'avantage de former
les écheveaux féparés fur les guindres & d'éviter par-là
au Moulinier, la difficulté de faire glisser ces écheveaux
pour faire place à d'autres; il fait très - bien que cette
perfection exifte dans ceux d'Aubenas: il eft vrai qu'on
y cave tous les huit ou neuf jours les moulins du premier apprêt, c'eft-à-dire, qu'on relève les bobines
chargées de foie tordue, pour y en remettre de vides,
ce qu'on ne feroit point fur les moulins du père Peronier ; mais comme cette opération ne dure qu'un
quart d'heure, on profite de ce temps pour nettoyer
les collets des fufeaux & mettre de l'huile dans leurs
crapaudines, opération fans doute également néceffaire
dans les moulins propofés, & à laquelle on emploiera
d'autant plus de temps, qu'il y aura fix à fept fois plus
de collets ou de crapaudines à nettoyer & à huiler.

Examinons encore fi l'ouvrage fe fera fur ces nouveaux moulins, avec autant de célérité qu'on l'annonce:
la quantité d'ouvrage que peut faire une fabrique d'organfin, fe calcule par le nombre des fufeaux que contiennent les moulins de fecond apprêt, par la vîteffe
avec laquelle on peut les faire tourner, & par la quantité de leurs révolutions comparées avec celles que
font les guindres, c'eft-à-dire, par la quantité d'apprêt
qu'on donne à la foie; les autres moulins ne font que
préparer l'ouvrage qui doit être achevé fur ces der-
niers: dans les moulins d'Aubenas que nous avons

toujours pris ici pour exemple, puifque le père Peronier
les regarde comme les plus parfaits ; les fufeaux du
fecond apprêt tournent avec la même vîteffe que ceux
du premier apprêt, laquelle eft toute auffi grande
qu'elle peut être, pour ménager la foie & ne la pas
faire caffer trop fouvent: cependant ces fufeaux du
fecond apprêt donnent un cinquième de tors de moins
que ceux du premier, qui eft la proportion la plus ordinaire entre les deux apprêts : dans le moulin du père
Peronier, le tors du fecond apprêt n'y eft que moitié
de celui du premier, à raifon de quoi il s'écrie qu'un
des plus précieux effets de fon nouveau moulin eft de
donner à la foie beaucoup plus de premier apprêt qu'on
n'en donne fur les autres moulins, ou le premier apprêt
eft au fecond, comme fix eft à quatre, tandis que
dans le fien, il eft comme deux à un : nous fommes
fâchés de faire remarquer que cette allégation n'eft pas
bien concluante ; de ce qu'il donne le premier apprêt
double du fecond, il ne s'enfuit pas qu'il foit pour
cela plus fort que celui des autres fabriques ; il ne fait
voir le premier apprêt augmenté dans fon moulin, que
parce que le fecond y eft diminué de trois huitièmes:
la vîteffe des fufeaux qui donnent le premier apprêt
doit toujours être proportionnée à la fineffe de la foie,
& comme cette vîteffe eft dans ce moulin, dépen-
dante de celle des cages qui donnent le fecond apprêt,
il s'enfuivra néçeffairement, ou, que l'organfin qui y

fera fait, aura un tiers de moins de fecond apprêt qu'il ne faut, ou que fi les deux apprêts font remis en proportion convenable, en changeant le diamètre des cylindres, ce moulin ne fera, dans le même temps & avec le même nombre de fufeaux, que les deux tiers de l'ouvrage de ceux d'Aubenas: on a befoin d'ailleurs de changer quelquefois cette proportion dans les apprêts, fuivant la nature de l'étoffe à laquelle l'organfin eft deftiné: comment s'y prendroit-on dans les moulins du père Peronier? il faudroit autant de différentes cages que d'apprêts différens.

Enfin il réfulte de tout ce qui vient d'être dit, qu'en voulant abréger les quatre fixièmes des opérations néceffaires à la fabrication des organfins, le père Peronier a fi fort alongé & compliqué les deux autres, que bien loin de procurer les grands avantages qu'il promet, foit par une diminution confidérable des frais de main-d'œuvre & des déchets, foit par plus de perfection dans l'ouvrage; les organfins au contraire coûteroient trois ou quatre fois plus de temps & d'argent à être fabriqués comme il le propofe, que les déchets y feroient beaucoup plus difpendieux; & que ces organfins n'auroient aucune des qualités requifes à leur beauté & à leur bonté, qui font la netteté, la force & l'égalité d'apprêt.

Nous accorderons volontiers au zèle du père Peronier, toutes les louanges qui lui font dûes; mais nous

fommes obligés de conclure que les moyens qu'il préfente ne font ni nouveaux ni avantageux, & que la
réunion qu'il en fait, pour établir une méthode géné-
rale de tirer la foie des cocons & de l'apprêter en
organfin, ne fauroit mériter l'approbation de l'Académie. *Signé* DE MONTIGNY & VAUCANSON.

*Je certifie le préfent extrait conforme à fon original & au juge-
ment de l'Académie. A Paris, ce douze décembre mil fept cent
foixante-huit.* Signé GRANDJEAN DE FOUCHY, *Séc. perp. de
l'Ac. R. des Sciences.*

www.ingramcontent.com/pod-product-compliance
Lightning Source LLC
Chambersburg PA
CBHW070756220326
41520CB00053B/4513